水生动物防疫系列宣传图册（六）

——水生动物疾病术语与命名规则知识问答

农业农村部渔业渔政管理局
全国水产技术推广总站　编

中国农业出版社
北　京

编辑委员会

序

　　近年来，各级渔业主管部门及水产技术推广机构、水生动物疫病预防控制机构、水产科研机构等围绕渔业稳产保供和绿色高质量发展总体要求，通力协作，攻坚克难，全面加强水生动物疫病防控工作。防疫体系初具规模，基本力量初步形成，监测预警机制基本建立，水产养殖生产者的防病意识逐步增强，为确保水产养殖业高质量发展和水产品有效供给发挥了重要的支撑保障作用。

　　但是我国水生动物防疫形势仍然不容乐观，《中国水生动物卫生状况报告》显示，虽然没有发生大规模疫情，但小规模疫情连续不断，伴随水产品贸易的不断拓展，外来水生动物疫病传入风险还会加大。养殖生产者为防病滥用药物等化学品的行为还有发生，给水产品质量安全和生物安全带来极大隐患。

　　水生动物防疫工作任重道远，亟须加大力度，宣传疫病防控相关法律法规，宣传源头防控、绿色防控、精准防控理念以及疫病防控管理和技术服务新模式等。为此，自2018年起，农业农村部渔业渔政管理局和全国水产技术推广总站启动了《水生动物防疫系列宣传图册》编撰出版工作，以期通过该系列宣传图册将我国水生动物防疫相关法律法规、方针政策以及绿色防病措施、科技成果等传播到疫病防控一线，提高从业人员素质，提升全国水生动物疫病防控能力和水平。

该系列宣传图册以我国现行水生动物防疫相关法律法规为依据，力求权威性、科学性、准确性、指导性和实用性，以图文并茂、通俗易懂的形式生动地展现给读者。

我相信这套系列宣传图册将会对提升我国水生动物疫病防控水平，推动我国水生动物卫生事业发展，确保水产养殖业高质量起到积极作用。

谨此，对系列宣传图册的顺利出版表示衷心的祝贺！

农业农村部渔业渔政管理局局长

2022年2月

前　言

为推进我国水生动物病害研究基础技术平台建设，2007年农业部制定并发布了《水生动物疾病术语与命名规则　第1部分：水生动物疾病术语》（SC/T 7011.1 2007）和《水生动物疾病术语与命名规则　第2部分：水生动物疾病命名规则》（SC/T 7011.2 2007）两个行业标准，对我国主要水生动物疾病术语与命名规则进行了规范。近年来，伴随我国水生动物疾病科研水平的提高以及国际交流的深入，原有水生动物疾病信息资料也需要丰富和更正。鉴于此，农业农村部组织修订了上述两项标准，并于2021年发布实施。

正确理解水生动物疾病相关术语，科学掌握疾病命名规则，是保障我国水生动物疾病防控工作的基础，也是充分跟进和满足我国水产养殖业快速发展的要求，对保障水生动物疾病基础研究和提高我国水生动物防病技术水平具有十分重要的现实意义。

为此，我们根据新修订的两项标准组织编写了《水生动物防疫系列宣传图册（六）——水生动物疾病术语与命名规则知识问答》，供有关方面参考。

由于编者水平有限，不足之处在所难免，敬请大家指正。

编 者

2021年12月

目　录

一、水生动物疾病相关术语

1. 什么是水生动物医学?

答：水生动物医学是研究水生动物疾病发生的原因、流行规律、病原学和病理学，以及诊断、预防和治疗方法的学科。

2.什么是水生动物疾病？

答：水生动物疾病是指水生动物受到各种生物和非生物因素的作用，而导致正常生命活动紊乱以至死亡的现象。按致病原因可分为病原性和非病原性两类，前者是病毒、细菌、真菌、寄生虫等病原体对其机体的感染；后者是生物或非生物的因素对机体造成损害而产生的病变，如机械、环境、营养、药源、藻类毒素等因素造成的损伤，以及其他生物的袭击等。

3.水生动物疾病防治是什么意思？

答：水生动物疾病防治是指预防和治疗水生动物病害的技术措施，包括免疫防治、生态防治、药物防治等。

免疫防治　　　　　生态防治　　　　　药物防治

4.什么是水生动物病原学?

答：水生动物病原学是研究引发水生动物疾病的病原生物的形态、结构、生命活动规律以及与宿主相互关系的科学，是水生动物医学的重要分支学科。

5.什么是水生动物病理学?

答:水生动物病理学是研究患病水生动物的机体细胞、组织、器官等在结构、功能和代谢等方面的变化规律的学科。

6.什么是水生动物疾病流行病学?

答:水生动物疾病流行病学是研究水生动物疾病分布及其相关决定因素,从而为疾病防控策略提供依据的一门学科。

询问　　　问卷填写　　　现场查看　　　检测

疾病分布

7. 什么是分子流行病学?

答：分子流行病学是利用分子生物学原理和技术，从分子水平上研究并阐明病因及其相关的致病过程，并研究疾病的防治和促进健康的策略的科学。

8. 什么是新发病?

答：新发病是指由新发现的病原体引起的，或由已知病原体演变或传播至新的地理区域或种群引起的，并对水生动物或公共卫生具有重大影响的疾病。

9. 什么是病原体?

答：病原体是能引起疾病的微生物和寄生虫的统称。

10. 什么是病因？

答：病因是能引起疾病主要因素的简称，包括病原性因素（病原体）及非病原性因素。

11. 致病性或病原性是什么意思？

答：致病性或病原性是指病原生物感染宿主，在宿主体内定居、增殖并引起疾病的特性或能力。

12. 毒力是什么意思?

答：毒力是指病原体使机体致病的能力，表示致病性的强弱程度。

13. 什么是毒素?

答：毒素是指由生物体产生的，极少量即可引起动物中毒的一种特殊毒物。一般根据来源分为细菌毒素、真菌毒素、寄生虫毒素等。

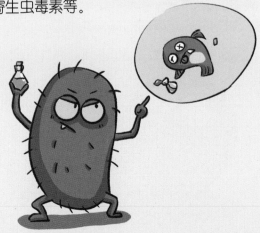

14. 最小致死量是什么意思？

答：最小致死量是指能使试验生物群体全部死亡的某种病原体的最少数量。

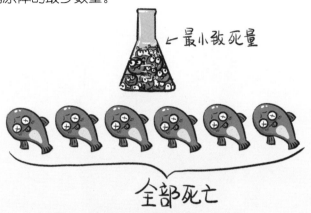

最小致死量

全部死亡

15. 半数致死量是什么意思？

答：半数致死量是指能使试验生物群体产生50%死亡率的某种病原体的数量。

半数致死量

16. 半数致死时间是什么意思？

答：半数致死时间是指试验生物群体出现50%死亡率所需的时间。

17. 什么是病毒？

答：病毒是指一类在活细胞内专性寄生的超显微的非细胞型微生物。病毒大小的测量单位是纳米（nm），形态有杆状、球状、卵圆状、砖状、蝌蚪状、子弹状和丝状等。每一种病毒只含有一种核酸，靠宿主代谢系统的协助来复制核酸、合成蛋白质等组分，然后再进行装配而得以增殖。

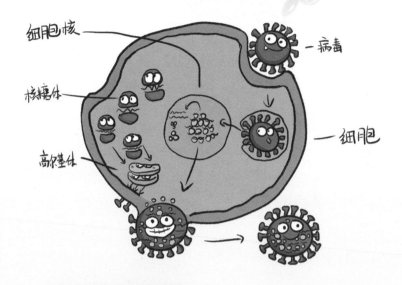

细胞核

核糖体

高尔基体

病毒

细胞

18. 什么是病毒病?

答：病毒病是指由病毒感染而引起水生动物发生病理变化甚至死亡的疾病。

19. 什么是病毒粒子？

答：病毒粒子是指成熟、结构完整的单个病毒。它的主要成分是核酸和蛋白质。

20. 什么是衣壳？

答：衣壳是指紧密包在病毒核酸外面的一层蛋白质外衣，由许多衣壳粒按一定几何构型集结而成，是病毒粒子的主要支架结构和抗原成分，对核酸有保护作用。

21. 什么是核衣壳？

答：核衣壳是指核酸和衣壳合在一起的结构。

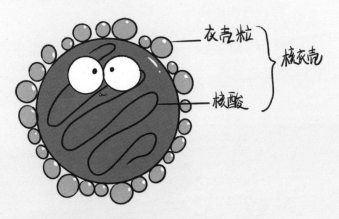

22. 什么是囊膜？

答：囊膜是指某些病毒在成熟过程中从宿主细胞获得、含有宿主细胞膜或核膜化学成分、包被在其核衣壳外的一层类脂或脂蛋白，是来自宿主细胞膜或核膜但被病毒改造的具有独特抗原特性的膜状结构。

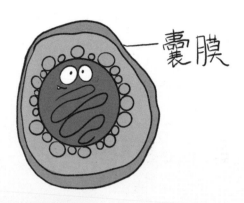

一囊膜

23.什么是包涵体?

答：包涵体是指某些被病毒感染的细胞内，经染色后可用光学显微镜观察到的与正常细胞着色不同的结构，可存在于细胞核内或细胞质内，因感染病毒不同而呈嗜碱或嗜酸性。包涵体或由大量晶格状排列的病毒组成，或是病毒成分的蓄积。

24.什么是细菌?

答:细菌是一大类群结构简单、种类繁多,主要以二分裂繁殖,无色半透明,体积微小的球状、杆状或螺旋状的单细胞原核微生物。一般以微米(μm)为测量单位,有革兰氏阳性菌和革兰氏阴性菌之分。

球状

杆状

螺旋状

25.什么是革兰氏染色?

答:革兰氏染色是一种将细菌分为革兰氏阳性菌和革兰氏阴性菌的染色法。革兰氏阳性菌被染成蓝紫色,革兰氏阴性菌被染成浅红色。革兰氏阳性菌一般用G^+表示,革兰氏阴性菌一般用G^-表示。

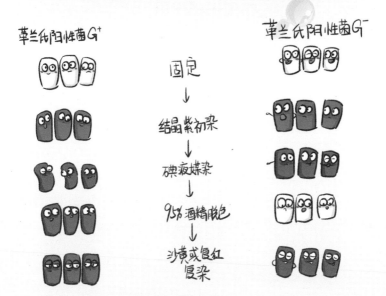

革兰氏阳性菌G⁺　　固定　　革兰氏阳性菌G⁻
　　　　　　　　　↓
　　　　　　结晶紫初染
　　　　　　　　　↓
　　　　　　碘液媒染
　　　　　　　　　↓
　　　　　　95%酒精脱色
　　　　　　　　　↓
　　　　　　沙黄或复红
　　　　　　　复染

26. 什么是细菌病?

答：细菌病是指由细菌感染而引起水生动物生命活动紊乱、发生病理变化甚至死亡的疾病。

27. 什么是荚膜？

答：荚膜是存在于某些细菌细胞壁外的一层厚度不同的胶状物质。荚膜不是细菌的必要细胞组分，对一些致病菌来说，荚膜可保护它们免受宿主白细胞的吞噬。

28. 什么是鞭毛？

答：鞭毛是长在某些细菌体表的长丝状、波曲的附属物，其数目为一至数十根，具有运动的功能。

29. 什么是菌毛？

答：菌毛是长在细菌体表的一种纤细（直径7～9nm）、中空（内径2～2.5nm）、短直、数量较多（250～300根）的蛋白质附属物，常见于革兰氏阴性菌和部分革兰氏阳性菌。

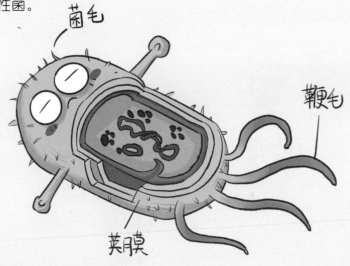

菌毛

鞭毛

荚膜

16

30.什么是芽孢？

答：芽孢是细菌在一定环境下在细胞内形成的圆形或椭圆形的休眠体，有较厚的芽孢壁，具有高度的抗逆性，在100℃处理数小时方可被灭活。

31.什么是产毒性？

答：产毒性是致病菌常能产生一种或多种细菌毒素，直接引起宿主损伤的性质。

32.什么是外毒素?

答：外毒素是革兰氏阳性菌及某些革兰氏阴性菌在细胞内合成后释放到细胞外，或在细菌死亡溶解后释放出来的有毒物质，通常为可溶性蛋白质。外毒素有高度的特异性，大部分不耐热。

33.什么是内毒素?

答：内毒素是由革兰氏阴性菌所合成的一种存在于细菌细胞壁外层的脂多糖，只有在细菌死亡和裂解后才释放出的有毒物质。内毒素耐热，100℃处理不失活。

34.什么是溶血素?

答：溶血素是细菌产生的溶解动物红细胞的一种外毒素，其本质为蛋白质。

35.什么是类毒素?

答：类毒素是指细菌产生的外毒素在加入甲醛后变成无毒性但仍有免疫原性的生物制品。

36. 什么是支原体？

答：支原体是一类无细胞壁的最小原核微生物，可独立营养，可在无细胞的人工培养基中生长，能通过细菌滤器。形态上呈多态性，常为分枝状。

37. 什么是衣原体？

答：衣原体是一类大小介于立克次氏体和病毒之间，能通过细菌滤器，活细胞内营专性能量寄生并有独特发育周期的原核微生物。衣原体具细胞构造，细胞内同时含有**DNA**和**RNA**两种核酸，有革兰氏阴性菌特征的含肽聚糖的细胞壁，细胞内含有核糖体，以二分裂方式进行繁殖，对抗生素敏感。

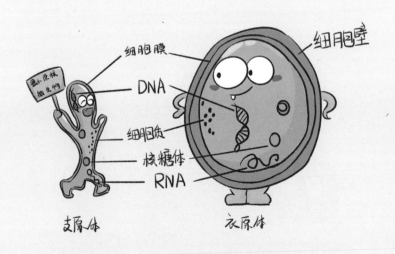

最小原核
微生物们

细胞膜

DNA

细胞膜

核糖体

RNA

细胞壁

支原体　　　衣原体

38.什么是立克次氏体？

答：立克次氏体是一类大小介于细菌和病毒之间，大多不能通过细菌滤器，在活细胞内专性寄生的致病性原核微生物。细胞呈球状、杆状或多形态。在光学显微镜下可见，存在于宿主的细胞质或细胞核中。细胞结构与细菌相似，革兰氏染色阴性，对热、干燥、光照、脱水、普通化学药剂的抗性较差。

39.什么是类立克次氏体？

答：类立克次氏体是形态、结构和性状与立克次氏体相似的小型杆状细菌，有细胞壁，有固定的形态，存在于寄主细胞的细胞质中。

40.寄生是什么意思？

答：寄生是指一种生物生活在另一种较大型生物的体内或体表，从中取得营养并进行生长繁殖，同时使后者受损害甚至被杀死的现象。

41. 什么是寄生虫？

答：寄生虫是指寄生于水生动物的动物，包括原虫、蠕虫和甲壳类等。

42. 什么是寄生虫病？

答：寄生虫病是指寄生虫侵入水生动物而引起的疾病。

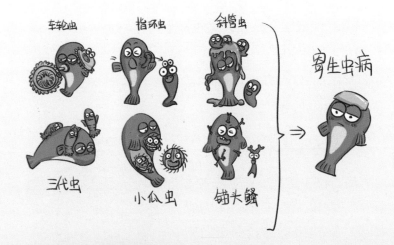

43. 什么是真菌？

答：真菌是指一大类具有典型细胞核，不含叶绿素，不分根、茎、叶，营寄生或腐生方式生活的真核细胞微生物。真菌细胞核高度分化，有核膜和核仁，细胞质内有完整的细胞器；少数为单细胞，大部分以分支或不分支的菌丝体存在的多核细胞。

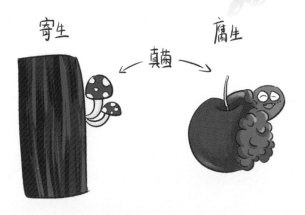

寄生 腐生 真菌

44. 什么是真菌病？

答：真菌病是指由真菌感染引起水生动物发生病理变化甚至死亡的疾病。

45. 什么是菌丝？

答：菌丝是真菌营养体的基本单位，直径为 $3 \sim 10\mu m$，分无隔菌丝和有隔菌丝两种。

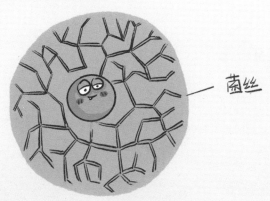

菌丝

46. 什么是症状？

答：症状是指动物患病后在形态学、解剖学和行为学等方面异常表现的客观描述。

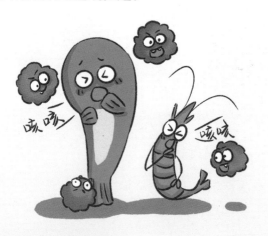

47. 什么是疾病？

答：疾病是指由致病因素作用于生物机体时扰乱了正常生命活动的现象。

48. 综合征是什么意思?

答：综合征是指以综合形式同时出现的一组相互关联的医学症状和体征，通常与特定的疾病或功能失调有关。

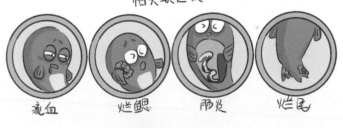

相关联症状

流血　　烂鳃　　瞎炎　　烂尾

病变

49. 病变是什么意思?

答：病变是指机体细胞、组织、器官在致病因素作用下发生的局部或全身异常变化。

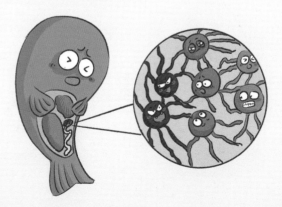

50. 什么是病灶?

答：病灶是指组织或器官遭受致病因素的作用而引起病变的部位。

51. 萎缩是什么意思?

答：萎缩是指因患病或受到其他因素作用，正常发育的细胞、组织、器官发生物质代谢障碍所引起的体积缩小及功能减退的现象。

52. 什么是变性？

答：变性是指由于某些原因引起细胞的物质代谢障碍，使细胞内或间质内出现了异常物质或正常物质数目异常增多，并伴有形态和功能变化的过程。变性一般而言是可修复的，但严重的变性往往不能恢复而发展为坏死。

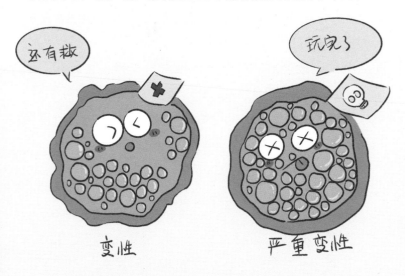

变性 严重变性

53. 什么是水样变性？

答：水样变性是指由于感染、中毒、缺氧等损害细胞，线粒体产生的能量减少，细胞膜上钠泵功能下降，细胞内水分增多，形成细胞水肿，严重时称为细胞的水样变性。当原因消除，细胞可以恢复正常；但如果继续发展，则可能形成脂肪变性或坏死。

54. 什么是脂肪变性？

答：脂肪变性是指实质细胞质内脂滴量超出正常生理范围或原不含脂肪的细胞出现游离性脂滴的现象。

55. 什么是纤维素样变性？

答：纤维素样变性是指间质的胶原纤维及小血管壁的一种变性，常见于免疫反应性疾病，病变呈小灶状坏死，原来的组织结构消失，变为一堆边界不清，呈颗粒、小条、小块状的物质，HE染色呈强嗜酸性，似纤维素样，故称纤维素样变性；由于伴有组织坏死，所以又称纤维素样坏死。

56. 什么是透明变性？

答：透明变性是指细胞内或间质中出现HE染色呈碱性、均质无结构、半透明、质韧硬，似毛玻璃样，具有折光性的蛋白性物质的变性，也称玻璃样变性，简称玻变，常见于结缔组织、血管壁等。

57. 什么是黏液样变性？

答：黏液样变性是指组织间质内出现类黏液积聚的现象。

58. 什么是淀粉样变性？

答：淀粉样变性是指组织内有淀粉样物质沉积的现象。

59. 什么是空泡变性？

答：空泡变性是指变性细胞的胞质或胞核内出现水分，形成大小不等的水泡现象的变性。

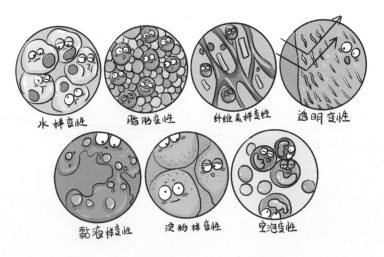

水样变性　　脂肪变性　　纤维素样变性　　透明变性

黏液样变性　　泡物样变性　　空泡变性

60. 变质是什么意思？

答：变质是指炎症局部组织发生变性和坏死的现象。

局部组织

61. 坏死是什么意思?

答:坏死是指活体局部组织和细胞死亡的现象,主要表现为核浓缩、核碎裂、核溶解等细胞、组织的自溶性变化,坏死周围组织常有炎症反应。坏死的形态学变化实际上是组织和细胞的自溶性改变。

正常　　　　坏死

核浓缩

核碎裂

核溶解

62. 什么是充血?

答:充血是局部组织和器官的血管扩张,含血量超过正常范围的一种机体防御和适应性反应。分为动脉性充血(简称充血)和静脉性充血(简称淤血)。

63. 贫血是什么意思？

答：贫血是指机体组织、器官的含血量或红细胞、血红蛋白数量低于正常范围的现象。

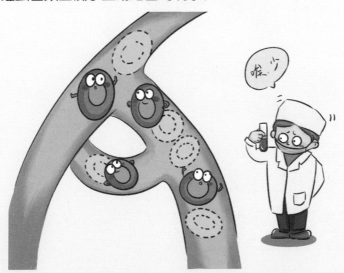

64. 什么是出血？

答：因血管壁完整性被破坏，导致血液从心脏、血管流出或渗出的现象叫作出血。流出的血液进入组织间隙或体腔内，叫作"内出血"，流到体表外时叫作"外出血"；由外伤引起，因血管壁破裂造成的出血叫作"破裂性出血"；因通透性升高造成的出血叫作"渗出性出血"，多见于某些急性传染病、中毒等。渗出性出血在组织中常表现为"小点出血"（即瘀点）或"小块出血"（即瘀块）；较多的血液聚集于组织间隙内形成肿块，叫"血肿"；出血面积较大的叫"溢血"。

65. 什么是溶血？

答：红细胞破裂、血红蛋白溢出的现象，称为红细胞溶解，简称溶血。

血红蛋白分a

66. 败血是什么意思?

答：败血是指病原体侵入血液并迅速生长繁殖的现象。

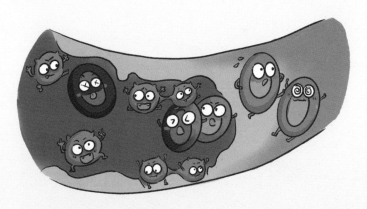

67. 什么是血栓?

答：血栓是活体的心脏或血管内，血液发生凝固或血液中某些有形成分析出、凝集所形成的固体质块。

68. 弥漫性血管内凝血是什么意思?

答：弥漫性血管内凝血是指血液的凝固性增大，在全身微循环内形成大量由纤维素和血栓细胞构成的微血栓，广泛分布于许多器官和组织的毛细血管和小血管内的现象。

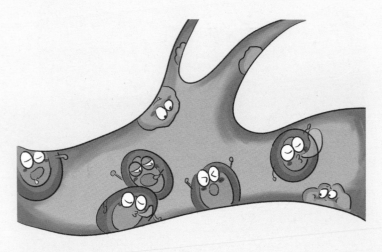

69.什么是水肿?

答：水肿是指组织间液在组织间隙内异常增多的现象。

70.什么是积水?

答：积水是指组织间液在胸腔、心包腔、腹腔、脑室等浆膜腔内过量蓄积的现象。

71. 什么是腹水？

答：腹水是指腹腔中浆液的不正常积蓄。

72. 什么是炎症？

答：炎症是指由于各种致炎因子的作用和局部损伤，机体所产生的以血管渗出为中心、以防御为主的应答性反

应。炎症局部组织的基本病变包括变质、渗出、增生。变质反映损害的一面，而渗出和增生则反映抗损害的一面。

73. 什么是卡他性炎症？

答：卡他性炎症是指以黏液渗出和上皮细胞变性为主的炎症。

74. 什么是化脓性炎症？

答：化脓性炎症是指以大量多形核白细胞渗出，以及变性、坏死为主的一种炎症。

75. 什么是出血性炎症？

答：出血性炎症是指炎症病灶血管壁通透性增大或管壁破裂而致大量红细胞漏出的一种炎症。

卡他性炎症　　化脓性炎症　　出血性炎症

76. 什么是溃疡？

答：溃疡是指上皮组织全层或更深组织的局限性组织缺损。

77. 什么是糜烂?

答：糜烂是指上皮组织表层的局部组织缺损。

78. 什么是脓肿?

答：脓肿是指组织或器官内形成的局部性脓腔。

79. 什么是水疱?

答：水疱是指不含血或脓，带清水样内含物的疱。

80. 什么是疖疮?

答：疖疮是指鳞囊、皮下及皮下肌肉的化脓性炎症现象。

81. 什么是渗出?

答：渗出是指由于病因的作用，血管通透性增强，在发生局部炎症的血管内，液体沿管壁进入间质、体腔、体表或黏膜表面的过程。

82. 什么是肉芽肿?

答：肉芽肿是实质细胞和纤维细胞再生形成的呈颗粒状的肉芽。

83. 什么是增生?

答：增生是指细胞分裂增生，数目增多，有时导致组织和器官体积增大的现象。增生可分生理性和病理性两种，后者又分为再生性增生、过再生性增生及内分泌障碍性增生三种。

84. 什么是肥大？

答：肥大是指由于细胞体积的增大或数量的增多而导致组织和器官体积增大的现象。

85. 什么是肿瘤？

答：肿瘤是指机体在各种致瘤因素作用下，局部组织的细胞在基因水平上失掉了对其生长的正常调控，导致异常增生而形成的新生物，简称瘤。

溃疡	糜烂	脓肿	水疱	疖疮
渗出	肉芽肿	增生	肥大	肿瘤

86.什么是感染?

答：感染又称传染，指病原体侵入生物体并在生物体内繁殖、发展或潜伏，一般可引起机体组织的形态、代谢和功能等方面的反应和损伤。

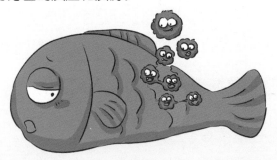

87.什么是顿挫性感染?

答：顿挫性感染是指病毒进入宿主细胞后，细胞不能为病毒增殖提供所需要的酶、能量及必要的成分，则病毒在其中不能合成本身的成分，或者虽合成部分或全部病毒成分，但不能组装和释放出有感染性的病毒颗粒。

缺少合成部分

88.什么是内源性感染?

答：内源性感染是指由来自患病动物自身体表或体内的病原生物引起的感染。

89.什么是外源性感染?

答：外源性感染是指由来自其他患病或携带病原的生物引起的病原生物感染。

90. 什么是浸浴感染？

答：浸浴感染是指病原体通过水体媒介所引起的水生动物的感染。

91. 什么是表面感染？

答：表面感染是指病原体在某些器官局部增殖，一般不侵入血液，也不感染其他器官而引起疾病的过程。

92. 什么是隐性感染？

答：隐性感染是指当机体免疫力较强或入侵的病原体数量不多或毒力不强时，病原体能在宿主内生长繁殖，但机体不表现明显临床症状的过程。

93. 什么是显性感染？

答：显性感染是指当机体抵抗力较差或入侵的病原体毒力较强、数量较多时，宿主受到严重损害，出现明显临床症状的过程。

94. 什么是局部感染?

答：局部感染是指局限于一定部位的感染。

95. 什么是全身感染?

答：感染发生后病原体或其代谢产物向全身扩散，引起各种临床表现。

局部感染　　　　全身感染

96. 经口感染是什么意思?

答：经口感染是指病原体经过口腔进入机体的一种感染方式。

97. 垂直感染是什么意思?

答: 垂直感染是指病原体由母体通过卵细胞或胎盘血循环传给子代的一种感染方式。

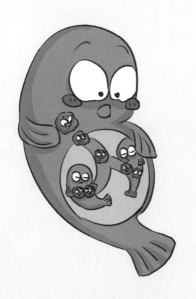

98. 水平感染是什么意思？

答：水平感染是指病原体从生物群体中的一部分传播到另一部分的一种感染方式。

99. 急性感染是什么意思？

答：急性感染是指潜伏期短，发病急，病程数日至数周，恢复后机体内不再存在病原体的感染。

100. 慢性感染是什么意思?

答：慢性感染是指显性或隐性感染后，病原体并未完全清除，可持续存在于血液或组织中并不断排出体外。

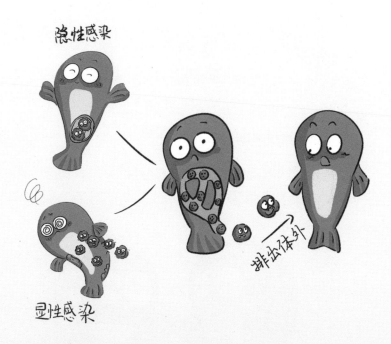

隐性感染

显性感染

排出体外

101. 持续性感染是什么意思?

答：持续性感染是指病原体在感染机体后可在机体内持续存在数月至数年。

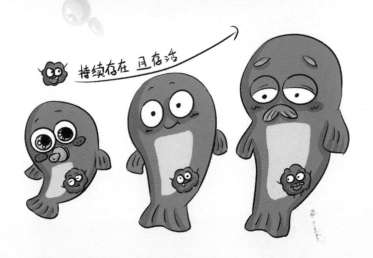

持续存在 且存活

102. 潜伏感染是什么意思?

答：潜伏感染是指经急性或隐性感染后，病原体存在于一定的组织或细胞内，不具有传染性的感染。

不具有传染性

103. 什么是潜伏期?

答：潜伏期是指病原体侵入生物体至其出现最初临床症状的一段时间。

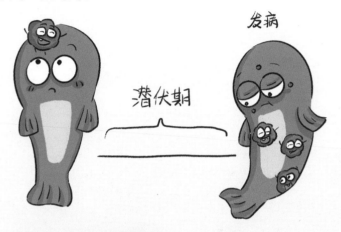

104. 什么是传染源?

答：传染源指的是病原携带者或传播者。

105. 暴发是什么意思？

答：暴发指的是疾病在一个群体或地区内发病时间高度集中、发病数量明显增加的现象。

106. 什么是流行？

答：流行是指传染性疾病在一定范围和时间内不断增加和传播的现象。

107. 什么是流行率?

答：流行率是指在某一时间内，某一水生动物群中感染的水生动物数量占易感水生动物总数的百分比。

108. 什么是感染率?

答：感染率是指在某一时间内实施检查的水生动物样本中，检出某病原阳性水生动物数量占受检水生动物总数的比例。

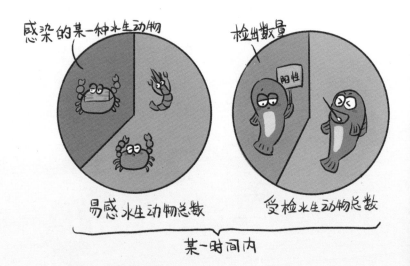

流行率　　　　　感染率

感染的某一种水生动物

检出数量

阳性

易感水生动物总数　　受检水生动物总数

某一时间内

109. 什么是发病率?

答：发病率是指某一水生动物种群在某一时间内新发病例数占易感水生动物总数的百分比。

110. 什么是死亡率?

答：死亡率是指在某一时间内，某一水生动物群中死亡的水生动物数量占易感水生动物总数的百分比。

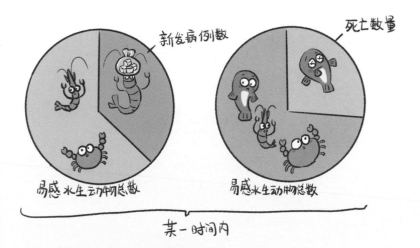

发病率　　　　　　　　死亡率

新发病例数　　　　　　死亡数量

易感水生动物总数　　　易感水生动物总数

某一时间内

111. 什么是传染病?

答：传染病是指由病原微生物（病毒、衣原体、立克次氏体、支原体、细菌、螺旋体、真菌、朊蛋白等）感染水生动物体后所引起的具有传染性的疾病。

啊嚏

112. 什么是流行性疾病?

答:流行性疾病是指一类可以感染众多宿主,能在一定时间内广泛蔓延的传染性疾病。

113. 什么是系统性疾病?

答:系统性疾病是一类可对动物机体系统造成严重损害的全身性疾病。

114. 什么是急性病？

答：急性病是一类潜伏期短、发作急剧、变化快的疾病。

发作急剧

115. 什么是慢性病？

答：慢性病是一类发作缓慢，病程拖得较长，不能在短期内治愈的疾病。

发作慢 病程长 不好治

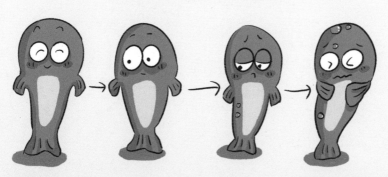

二、水生动物疾病命名规则

116. 什么是命名元素？

答：命名元素是指组成疾病名称的主要的、不可再缩小的基本组成单位。

117. 什么是正式名？

答：正式名是指疾病唯一的、永久的、正式的名称。

118. 什么是别名?

答：别名是指正式的或规范的名称以外的名称，对一种疾病在通常的名称之外的另一种称呼。

119. 什么是曾用名?

答：曾用名是指水生动物疾病曾经使用过的名称。

120. 正式名的确定原则是什么？

答：正式名的确定需经国内权威学术机构（委员会）或国家（行业）标准对试用名认定或修改后正式发表和颁布。

国内权威学术机构 或 国家（行业）标准认定

121. 别名的确定原则是什么？

答：别名的确定亦需国内权威学术机构（委员会）或国家（行业）标准的认定。

仅下列情况允许使用别名：

（1）纪念对科学具有重大贡献的科学家。

（2）该病的原发现地在水生动物疾病的研究上有重大

影响和意义。

（3）广泛被生产者所称呼的俗名，但该名又不符合本命名规则而无法被提升为正式名。

（4）国内权威学术机构（委员会）或国家（行业）标准制定和批准者认为可以使用的其他情况。

122. 英文名或者拉丁名的确定原则是什么?

答：英文或拉丁文名称通常应与疾病中文名（包括正式名、别名）相对应。任何一个英文名或拉丁名只对应一种疾病，具有唯一性。

123. 患病动物是否可作为命名元素?

答：可以。患有该病的动物的中文学名（或简称，但不是俗称）或所属类别名（包括类、科、属等）可作为命名元素。

124. 病因是否可作为命名元素？

答：可以。病原体中文学名（或简称，但不是俗称）或所属类别名（包括类、科、属、型等）可作为命名元素。

125. 症状是否可作为命名元素？

答：可以。对水生动物患病后所表现症状的客观描述可作为命名元素。在疾病名称中以词尾形式出现时，简称"症"。

126. 病灶是否可作为命名元素？

答：可以。对病灶部位名称的客观表述可作为命名元素。

127. 原发地是否可作为命名元素？

答：可以。疾病首次被发现的地点的中文名称或译名可作为命名元素。

128. 人名是否可作为命名元素？

答：可以。首次发现该疾病，或对该疾病研究做出重大贡献，或与该病密切相关的人名或姓氏可作为命名元素。

129. 病（症、炎、综合征、瘤或肿瘤）名是否可作为命名元素？

答：可以。对疾病发展全过程中出现的与其他疾病表现有所不同的特点以及病情发展的独特规律所作出的概括可作为命名元素。在疾病名称中以词尾形式出现。

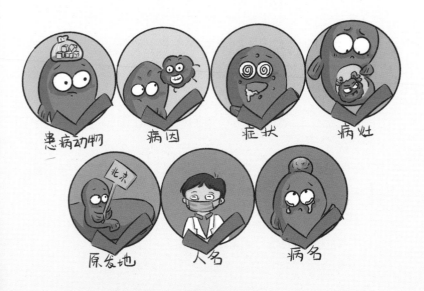

患病动物　病因　症状　病灶

原发地　人名　病名

130. 命名模式的类型有哪些？

答：命名的类型包括：

（1）患病动物 + 病因 + "病（症、炎、综合征）"。

（2）患病动物 + 病灶 + 症状 + "病（症、炎、综合征）"。

（3）病灶＋"病、（肿）瘤"。

131. 命名模式的使用原则是怎样的?

答：命名模式的使用原则是：

（1）应优先使用第130问命名模式中的（1）、（2）类型，仅在下列情况下可采用（3）类型：

a）病原体未定或病因未明；

b）症状十分典型和特别，极有利于认识该病；

c）两种或两种以上的病原体所致的病害；

d）病因或病原体名称较长或较别扭，不好记忆或不易书写。

（2）在不引起歧义和混淆的情况下，命名可省略其中的某个命名元素：

a）省略患病动物名。在下列情况下，可以省略患病动物名：

①病原体对患病动物有很强的专一性，通过病原体名称即较易联想起所危害的患病动物；

②病原体危害多种水生动物，而引起的症状和病理特征基本相同；

③病灶和症状有较大的特殊性；

④首次命名未涉及患病动物，并一直沿用，已成习惯并能被理解。

b）省略病灶。在下列情况下，可以省略病灶：

①病灶不定；

②病灶较多；

③全身性疾病；

④病灶与症状直接相关，不标示也能理解。

c）省略症状（病理变化）。在下列情况下，可以省略症状（病理变化）：

①症状或病理特征复杂，难以简短描述；

②对病灶造成损害，无特别突出的症状或病理变化；

③要特别突出病灶；

④词尾形式为"炎"。

（3）修饰语的使用。下列情况下，允许使用以下修饰性词语对疾病的严重程度或性质进行描述：

a）流行性：

①有特定病原体和传染源；

②有固定传播途径；

③对特定水生动物具有易感性；

④疾病可在水生动物种群中大范围传染。

b）暴发性：

①短时间内大批发病；

②死亡率大于20%。

c）传染性：

①疾病传染速度较快；

②须区分相似症状的其他类的疾病（包括传染性或非传染性的疾病）。

d）急性：

①潜伏期短；

②一系列病理过程在短时间内发生；

③从发病到死亡的时间非常短。

e）慢性：

①病程延续时间很长；

②零星、长时间地呈现陆续死亡的现象。

f）系统性：

①全身性疾病；

②对机体系统造成严重损害。

g）细菌性，或病毒性，或真菌性等：

①不同类型的病原体，均会出现同一种明显的症状或病理变化，为避免歧义和混淆时；

②需特别强调时。

（4）下列情况下，确切使用词尾"病""症""炎""综合征""（肿）瘤"：

a）优先使用"病"；

b）以病理过程命名的可使用"症"；

c）表现为热、红、肿及功能丧失的炎症的急性症状，可使用"炎"；

d）症状复合多样，形成一组相关症候群的疾病使用"综合征"；

e）瘤样病变，采用"（肿）瘤"。

图书在版编目（CIP）数据

水生动物防疫系列宣传图册. 六，水生动物疾病术语与命名规则知识问答 ／ 农业农村部渔业渔政管理局，全国水产技术推广总站编. —北京 ： 中国农业出版社，2022.3

ISBN 978-7-109-29200-0

Ⅰ.①水⋯ Ⅱ.①农⋯②全⋯ Ⅲ. ①水生动物-防疫-图册 Ⅳ.①S94-64

中国版本图书馆CIP数据核字（2022）第040272号

水生动物防疫系列宣传图册（六）
SHUISHENG DONGWU FANGYI XILIE
XUANCHUAN TUCE (LIU)

中国农业出版社出版
地址：北京市朝阳区麦子店街18号楼
邮编：100125
责任编辑：王金环　　插图：张琳子
版式设计：王　晨　责任校对：吴丽婷
印刷：中农印务有限公司
版次：2022年3月第1版
印次：2022年3月北京第1次印刷
发行：新华书店北京发行所
开本：850mm×1168mm　1/32
印张：2.5
字数：50千字
定价：28.00元